Como un árbol sabio...

Lleno de recuerdos...

LONGEVIDAD CENTENARIA

El número de personas centenarias se ha incrementado en las últimas décadas, y por ello, este sector de la población se ha convertido en un nuevo foco de atención importante en estudios científicos.

Este artículo trata de mostrar la tasa de prevalencia de las personas centenarias en los diferentes países europeos. Para ello, los autores realizan una revisión de la evolución del número de personas octogenarias y centenarias de las últimas décadas, y de los factores que pueden estar relacionados con la longevidad a nivel europeo.

Hay una gran variabilidad en la edad de fallecimiento en los distintos países europeos, a la vez que se observan importantes diferencias entre ambos sexos, siendo las cifras de mujeres longevas mucho mayores.

Estas diferencias entre ambos sexos se deben a diferentes factores, principalmente biológicos y socioeconómicos, ya que las peores condiciones laborales y los hábitos tóxicos de los varones a lo largo de la historia, han influido notablemente.

Actualmente, estos factores tienen menor relevancia, debido a la incorporación de la mujer en el mercado laboral y a un incremento del consumo de sustancias nocivas, como son el tabaco o el alcohol.

Intervienen también factores hereditarios o genéticos, territoriales y ambientales. El conjunto de todos estos factores hace que se haya producido una desigualdad territorial, [1] apareciendo las denominadas "regiones geográficas longevas".

Actualmente, el número de supercentenarios en Europa no se puede calcular, debido a la falta de información que tenemos al respecto. Sin embargo, sí se observa una cifra mucho mayor de mujeres supercentenarias a nivel mundial que de hombres; en esto también han influido las dos grandes guerras mundiales.

Se ha observado que hábitos de vida saludables, como la realización de ejercicio físico y la alimentación adecuada, son elementos beneficiosos para la longevidad. Los avances sanitarios que se han producido en las sociedades desarrolladas [2] y la promoción de estilos de vida saludables están influyendo notablemente en la calidad y en la esperanza de vida. [3], esta es una de las razones por la que la proporción de personas centenarias en los países desarrollados es mayor que en los países en vías de desarrollo. [4]

Actualmente se está produciendo un sobreenvejecimiento poblacional, y la baja tasa de mortalidad, a la vez que la disminución de la fecundidad y natalidad, está produciendo una importante variación en la pirámide poblacional, con un estrechamiento significativo de la base. Esto conlleva una dificultad para el remplazo generacional, como está sucediendo en España. [5]

Para que el envejecimiento resulte una experiencia positiva, la prolongación de la vida debe ir acompañada de la mejora en la calidad de vida de quienes alcanzan una edad avanzada, permitiéndoles mantener un nivel óptimo de bienestar. [6]

En mi opinión, los avances tecnológicos, sociales y sanitarios han sido relevantes en el proceso del envejecimiento, y con ello, el aumento del número de personas centenarias en los países desarrollados. La esperanza de vida se ha incrementado considerablemente en las últimas décadas, y considero que en este momento, el foco de atención debería ser la mejora en la calidad de vida de las personas.

El grado de discapacidad y dependencia en las personas de más de 65 años es elevado. La media europea de personas mayores de 65 años que presenta una discapacidad moderada, se sitúa en el 30,1% y un 20,1% cuando se trata de discapacidad severa. [7] Esto nos lleva a considerar cuales son nuestras prioridades a nivel social, ya que las necesidades del conjunto de la población varían según las diferentes edades.

Para finalizar, considero primordial seguir avanzando e investigando cuales son los métodos que pueden mejorar la calidad de vida de los ancianos, ya que en un futuro próximo, las sociedades desarrolladas serán sociedades "superenvejecidas" y precisaremos recursos tecnológicos y sociales para poder dar respuesta a las necesidades de todos los sectores. También considero importante informar y educar a la población, mostrándoles la evolución que se está produciendo en la sociedad y las necesidades que son primordiales ante este envejecimiento poblacional.

Es necesario intentar lograr un envejecimiento exitoso, [8] y la vez, conseguir que las personas puedan ver la muerte como algo natural e inevitable. Por ello, es preciso seguir trabajando para contribuir en las necesidades futuras.

BIBLIOGRAFÍA

1. Reques P. Longevidad y territorio. Un análisis geodemográfico de la población centenaria en España. Rev Esp Geriatr Gerontol. 2008; 43 (2): 96-105.

2. Roses M. Calidad de vida y longevidad: un nuevo reto para la salud pública en las Américas. Rev Panam Salud Publica. 2005; 17 (5): 295-296.

3. Ribera J. La medicina y la barrera de los 100 años de vida. Rev Clin Esp. 2002; 202 (6): 303-304.

4. Prado C, Camps E, Gamez M, Borroto M, Fernandez A.Caracterización somatofisiológica y nutricional de la población centenaria cubana no capitalina: patrón reproductivo y perspectiva de género. Int J Cuban. 2009; 2(1): 1-14.

5. Lozano D. Envejecimiento de la población: dimensiones para el cuidado de la salud. Inv Enf. 2011; 5 (1): 53-63.

6. González M, Rodríguez L. Centenarios y discapacidad. Geroinfo. 2006; 1(4) 86-98.

7. Portal Mayores, La discapacidad en Europa. Madrid: imsersomayores.csic.es, 2009-

8. Cho J, Martin P, Poon, L. The Older They Are, the Less Successful They Become? Findings from the Georgia Centenarian Study. J. Aging Res. 2012 July 29 [Epub adhead of print] DOI:10.1155/2012/695854.

Vivir cada momento...

Como si fuera único...

EPIDEMIOLOGÍA DE LA DISCAPACIDAD Y DEPENDENCIA DE LA VEJEZ EN ESPAÑA

En las últimas décadas, la discapacidad y la dependencia en las personas mayores ha adquirido una gran relevancia política y sociosanitaria, ambos términos han tomado significados diferentes dependiendo del momento histórico y del paradigma científico prevalente, biomédico o biopsicosocial. [1]

Este artículo pretende mostrarnos la gran evolución que se ha producido en la forma de entender y definir la discapacidad y la dependencia en España.

Para ello, se han utilizado las tres grandes encuestas sobre discapacidad y dependencia realizadas por el Instituto Nacional de Estadística en los años 1986, 1999 y 2008, pudiendo observar cambios significativos entre ellas. La primera es denominada "encuesta de las deficiencias", la segunda, "encuesta de la discapacidad", y finalmente, la tercera, "encuesta de la dependencia".

 La realización de estas encuestas da respuesta a la demanda de información sobre los fenómenos de la discapacidad, la dependencia, el envejecimiento de la población y el estado de salud de la población. La metodología utilizada en ellas sigue las clasificaciones internacionales desarrolladas por la OMS vigentes en el año de realización de cada encuesta.

En la primera encuesta, EDDM, el INE desarrolló un modelo explicativo médico y se definió la discapacidad como "toda limitación grave que afecte de forma permanente a la actividad del que la padece, y tenga su origen en una deficiencia", definición que sufrió mínimas modificaciones en las encuestas posteriores.

En el momento de la realización de dicha encuesta, se considera que la minusvalía es consecuencia de la deficiencia, considerando a la persona con una deficiencia, una persona minusválida.

En la encuesta "de la discapacidad", EDDES, la prevalencia de las personas mayores con discapacidad se reduce hasta casi la mitad con respecto a la encuesta de 1986. Casi el 70% de las personas mayores con discapacidad tiene dificultades para realizar las actividades de la vida diaria. En el 68% de ellas, la dificultad es grave. [2]

En este momento ya no se habla de minusvalías, sino de dependencia. En el concepto de discapacidad ya se incluyen factores contextuales, entorno físico y entorno social. Todas las discapacidades tienen su origen en las deficiencias.

Se distinguen tres grados de severidad de la discapacidad: Moderada, Severa y Total. La vejez se convierte en un foco importante de investigación que interesa notablemente a nivel social y aumenta el requerimiento de información.

En la encuesta del año 2008, encuesta de la dependencia (EDAD), se define dependencia como la situación de una persona con discapacidad que requiere ayuda de otra para realizar actividades de la vida diaria. La cifra de personas con dependencia aumenta hasta el 62, 9% de las personas con discapacidad, un 19% del total de mayores, y la enfermedad común como origen de la deficiencia aumenta hasta el 71%.

En esta encuesta, se busca integrar un modelo médico con un modelo social, incluyendo el entorno y contexto social. En este momento, el término "discapacidad", abarca deficiencias, limitaciones en la actividad, restricciones en la participación y factores contextuales. La dependencia es considerada una realidad emergente. [3]

Podemos observar la evolución que se ha producido a lo largo de las tres décadas anteriores respecto a la forma de entender la discapacidad y la deficiencia.

Inicialmente, en la década de los 80, la vejez no era un tema a estudiar y se relacionaban deficiencia y minusvalía sin tener en cuenta el contexto en el que se viera involucrada la persona.

Con la llegada de la década de los 90, se introduce el término dependencia, como la necesidad de recibir asistencia personal, y con ello, el número de personas con discapacidad disminuye notablemente. La vejez empieza a ser considerada un tema a investigar.

Finalmente, la encuesta del año 2008, se centra en la dependencia y la forma en que la asistencia personal mejora la calidad de vida de la persona, sin olvidar nunca, los factores personales y del entorno. Para ello, se produce un aumento de los requerimientos de información.

Las tres encuestas realizadas por el INE son una muestra de la situación del país en cada época y revelan el cambio que se ha ido produciendo a nivel social y político respecto a la vejez y la discapacidad.

Actualmente, nos encontramos en un proceso de envejecimiento poblacional, con el consecuente aumento de la dependencia. Se deben realizar diferentes estrategias para prevenir esta dependencia, e intervenciones específicas según el factor individual y contextual que rodea a la persona. [4] Tenemos que tener en cuenta las consecuencias sanitarias, sociales y económicas que produce el aumento de la dependencia y el envejecimiento de la población. [5]

BIBLIOGRAFÍA

(1) Zunzunequi MV. Evolución de la discapacidad y la dependencia. Una mirada internacional. Gac Sanit. 2011; 25(2):12-20.

(2) INE. Encuesta sobre discapacidades, deficiencias y estado de salud 1999. Metodología. Madrid: INE: 2001- [actualizada el 18 de octubre de 2012; acceso 18 de octubre de 2012]. Disponible en http://www.ine.es/prodyser/pubweb/discapa/disctodo.pdf

(3) Andrés-Pizarro J. Desigualdades en los servicios de protección de la dependencia para personas mayores. Gac Sanit. 2004; 18(1): 126-131

(4) Calero MJ, López J, Sánchez LI, Carretero P. De la discapacidad a la dependencia: Aspectos sanitarios. Mesa Redonda. 2008; 60(2): 93-100.

(5) Domínguez A, García B. Edad, dependencia y consecuencias sociosanitarias. Gerokomos. 2011; 22(1): 13-19.

Recordar que...

Tener una enfermedad no supone estar

enfermo...

DIÁLISIS Y HEMODIÁLISIS

El aumento de la esperanza de vida en los países desarrollados debido en gran parte, a las mejoras sanitarias, genera poblaciones cada vez más ancianas y con mayores necesidades y demandas. Esto conlleva un aumento de las enfermedades crónicas en la población, con un nuevo tipo de paciente que tiene una necesidades determinadas, por lo que hay una demanda de mejora en los procesos sanitarios[1].

Los pacientes con enfermedad renal crónica (ERC) deben someterse a tratamientos no curativos, altamente invasivos y que involucran altos costos para el paciente y su familia tanto a nivel físico, psicológico, social como económico.

Estos tratamientos de larga duración van a producir importantes cambios en los estilos y hábitos de vida, viéndose afectados factores como el grado de funcionamiento social, físico y cognitivo, la movilidad y el cuidado personal para realizar las actividades de la vida cotidiana, así como el bienestar emocional y la percepción general de la salud[2].

Actualmente, la enfermedad renal crónica es considerada un problema de salud pública y la mayoría de los pacientes diagnosticados de esta enfermedad son ancianos. Los pacientes de edad avanzada con enfermedad renal en etapa terminal (ESRD) tienen mayor riesgo de desarrollar complicaciones debido a la presencia de caídas, mala alimentación o deterioro cognitivo entre otras.

En el artículo *"Epidemiology and management of end-stage renal disease in the elderly"* se realiza una revisión sobre los diferentes aspectos a tener en cuenta en el manejo de esta enfermedad en los pacientes de edad avanzada, las diferentes opciones de tratamiento y su posible pérdida de calidad de vida[3].

Entre las diferentes formas de tratar una ESRD, se encuentran la hemodiálisis, la diálisis peritoneal, el transplante renal y el tratamiento conservador.

En los pacientes de edad avanzada, el tratamiento de elección suele ser la hemodiálisis a nivel hospitalario, teniendo poca consideración con la diálisis peritoneal realizada de forma ambulatoria.

Es necesario un enfoque realista sobre el pronóstico global de la calidad de vida y supervivencia del paciente, eligiendo de esta forma, la opción de tratamiento correcta; teniendo en cuenta la alternativa de tratamiento conservador en el caso de no obtener beneficios con un tratamiento más agresivo.

Las personas de edad avanzada presentan diferentes patologías que dificultan la realización de la diálisis, ya que a pesar de que la edad no es una contraindicación en sí para la elección de tratamiento, está demostrado que el aumento de la edad conlleva mayor riesgo de presentar comorbilidad[4].

Los pacientes ancianos con enfermedad renal terminal presentan una mayor incidencia de comorbilidad que las personas de la misma edad pero sin enfermedad renal, debido a factores físicos y psicosociales. Por otra parte, un estudio realizado en España ha demostrado que el accidente cerebrovascular isquémico es ocho veces más frecuente en los pacientes en diálisis que en la población general, y que la hemodiálisis conlleva mayor riesgo de hematoma subdural[5].

Otros factores que se ven influenciados por la enfermedad renal son la malnutrición (problema frecuente y factor de riesgo de mortalidad en pacientes en hemodiálisis además de empeorar con la edad)[6] y depresión, relacionada con una disminución de la calidad de vida.

La enfermedad cardiovascular es la causa más común de muerte prematura en la ESRD[7].

Debido a las alteraciones en el bienestar y la calidad de vida que pueden provocar los diferentes tratamientos, hay que realizar una valoración integral e individualizada del paciente, eligiendo de esta forma, el tratamiento adecuado:

- Transplante: Puede mejorar la calidad de vida y supervivencia de las personas mayores y por ello debe incluirse en la elección, pero a pesar de que la edad no es una contraindicación, el proceso que sufre una persona durante su evaluación para valorar si es un posible candidato, es muy estresante. Por otra parte, a pesar de ser validado como posible candidato, puede ser excluido de la lista de espera por la aparición de nuevas patologías anteriormente no diagnosticadas.

- Hemodiálisis: Es la modalidad elegida por defecto para las personas mayores con enfermedad renal terminal debido, en parte, a la falta de seguridad respecto a la capacidad del paciente para el control de la diálisis en el domicilio, convirtiendo a la personas en dependientes del hospital. Además, a veces los cambios hemodinámicos que se producen durante la administración son mal tolerados por los pacientes de edad avanzada, e incluso puede ser difícil lograr un acceso vascular adecuado.

- Diálisis peritoneal: Su elección depende, en gran medida, de la capacidad que tiene el paciente o su apoyo familiar para llevar a cabo el procedimiento. Su gran ventaja es que promueve la independencia de la persona. En algunos países, como Francia, se lleva a cabo la diálisis peritoneal asistida en pacientes que no son capaces de realizar el procedimiento por sí mismos, y tiene grandes resultados.

En los diversos estudios que han realizado comparaciones directas entre los pacientes en diálisis peritoneal (DP) y hemodiálisis no se ha demostrado ninguna diferencia en la supervivencia. Se ha observado también, que comenzar la diálisis demasiado temprano no es una ventaja, ya que la calidad de vida del paciente y su familia disminuye, y la supervivencia no aumenta.

En estos estudios también se ha podido observar que a pesar de que no hay diferencia en el supervivencia de los pacientes tratados con los dos tipos de diálisis, sí se muestra una menor calidad de vida en las personas que se encuentran a tratamiento con hemodiálisis y mayores tasas de depresión y problemas del sueño[8].

El estudio realizado por la Sociedad Española de Nefrología en el año 2011 muestra que la tasa de pacientes sometidos a DP es inferior al 5% y a su vez, el coste económico de la DP es la mitad del coste que produce la hemodiálisis. Teniendo en cuenta el gran número de pacientes que reciben tratamiento extrarenal en nuestro país, una medida dirigida hacia la sostenibilidad del sistema sanitario podría ser la inclusión de un mayor número de pacientes en programas de diálisis peritoneal, teniendo en cuenta además de los criterios de inclusión, la elección del paciente respecto a la técnica que se le va a aplicar[9].

Antes de iniciar la diálisis, es preciso realizar una serie de controles (gestión de la anemia, corrección de la acidosis, etc) y de esta forma mejorar el bienestar del paciente, y a menudo la función renal.

- Tratamiento conservador: Someter a diálisis a pacientes de edad avanzada y con múltiples patologías, puede producir demasiados perjuicios en comparación con el beneficio que se logra. Debido a esto, algunas veces se lleva a cabo el tratamiento conservador, intentando mantener controlados los signos y síntomas derivados de la insuficiencia.

La incidencia de personas con insuficiencia renal terminal se ha elevado con el paso del tiempo, y a su vez, su supervivencia también es mayor. Es imprescindible valorar al paciente de forma integral, para lograr la elección correcta del tratamiento de forma individualizada. Entre los aspectos a tener en cuenta, hay que destacar el cambio en la calidad de vida que sufrirá el paciente, el coste-beneficio que conlleva el tratamiento y, sobre todo, la decisión de la persona que será tratada.

BIBLIOGRAFÍA

1) Miguel M, Valdés C, Rábano M, Artos Y, Cabello P, De Castro N et al. Variables asociadas a la satisfacción del paciente en una unidad de hemodiálisis. Rev Soc Esp Enferm Nefrol. 2009; 12(1): 19-25.

2) Pérez T, Rodríguez A, Suárez J, Rodríguez L, García MA, Rodríguez JC. Satisfacción del paciente en una Unidad de Diálisis. ¿Qué factores modulan la satisfacción del paciente en diálisis?. Enferm Nefrol. 2012; 15(2):101-7.

3) Brown EA, Johansson L. Epidemiology and management of end-stage renal disease in the elderly. Nephrology. 2011; 7: 591-598.

4) Abizanda P, Romero L, Luengo. Uso apropiado del término fragilidad. Rev Esp Geriatr Gerontol. 2005; 40(1): 58-9.

5) Sánchez C, Perales C. Ischaemic stroke in incident dialysis patients. Nephrol Dial Transplant. 2010; 25: 3343-48.

6) Yuste C, Abad S, Vega A, Barraca D, Bucalo L, Pérez A et al. Valoración del estado nutricional en pacientes en hemodiálisis. Nefrología. 2013; 33(2): 243-9.

7) Beaubien ER, Pylypchuk GB, Akhtar J, Biem HJ. Value of corrected QT interval dispersion in identifying patients initiating dialysis at increased risk of total and cardiovascular mortality. Am J Kidney Dis. 2002; 39(4): 834-42.

8) Theofilou P. Quality of LIfe in Patients Undergoing Hemodialysis or Peritoneal Dialysis Treatment. J Clin Med Res. 2011; 3(3): 132-8.

9) Garoé FG. Sostenibilidad. Hemodiálisis frente a diálisis peritoneal. Rev Soc Esp Enferm Nefrol. 2011; 14(4): 266-70.